"畅游厦门园林植物园"丛书

厦门园林植物园

南洋杉疏林草地

丛书主编　张万旗　梁育勤

本书主编　梁育勤　陈盈莉

海峡出版发行集团 | 鹭江出版社
THE STRAITS PUBLISHING & DISTRIBUTING GROUP

2023年 · 厦门

图书在版编目（CIP）数据

厦门园林植物园南洋杉疏林草地 / 梁育勤，陈盈莉主编 . -- 厦门：鹭江出版社，2023.11
（"畅游厦门园林植物园"丛书 / 张万旗，梁育勤主编）
ISBN 978-7-5459-2128-1

Ⅰ．①厦… Ⅱ．①梁… ②陈… Ⅲ．①植物园－南洋杉－植物－介绍－厦门②植物园－草地－介绍－厦门
Ⅳ．① S791.13 ② S812.3

中国国家版本馆 CIP 数据核字（2023）第 199657 号

"畅游厦门园林植物园"丛书
XIAMEN YUANLIN ZHIWUYUAN NANYANGSHAN SHULIN CAODI
厦门园林植物园南洋杉疏林草地
丛书主编　张万旗　梁育勤　　本书主编　梁育勤　陈盈莉

出版发行：鹭江出版社
地　　址：厦门市湖明路 22 号　　　　　　　　　　　邮政编码：361004
印　　刷：厦门金明杰科技发展有限公司
地　　址：厦门市同安区新民镇集祥西路 2 号 1-2 层　　联系电话：0592-5987091
开　　本：787mm×1092mm　1/16
印　　张：9
字　　数：120 千字
版　　次：2023 年 11 月第 1 版　　2023 年 11 月第 1 次印刷
书　　号：ISBN 978-7-5459-2128-1
定　　价：68.00 元

序

　　厦门市园林植物园始建于1960年，是福建省第一个植物园。60多年来，厦门市园林植物园以热带、亚热带植物为主，从世界各地引种、栽培了8600多种（含种下单位及品种）植物，建设了15个专类园区，成为自然景观优美，生态环境优良，人文资源丰富，集科研、科普、旅游、生态保护和城市园林示范等功能于一体的国内知名植物园。

　　作为"中国生物多样性保护示范基地"，厦门市园林植物园的科研工作取得了丰硕的成果，尤其是多肉植物、棕榈植物和三角梅等的栽培与应用，在业界一直享有盛誉。

　　作为"全国科普教育基地"，厦门市园林植物园开展了内容丰富、形式多样的科普教育工作，开发了多个主题鲜活，兼具科学性与趣味性的科普活动品牌，组建了一支高素质的科普志愿者团队……可以说，厦门市园林植物园为丰富城市文化生活，促进科学普及推广，提升公众科学素质作出了可贵的探索，也取得了有目共睹的成绩。

　　组织编写"畅游厦门园林植物园"丛书，是厦门市园林植物园普及科学知识，提升公众科学素养的一个举措。这是一套以介绍植物科学和文化为核心内容，将自然科学知识和人文知识合二为一，兼具科普和导览功能的图书。因此，这套丛书既是介绍厦门市园林植物园内现有植物的科普读物，又是解读各专类园区的导览手册。对热爱自然，喜欢植物的人来说，它就像是开启植物宝库的一把钥匙，让人们见识到植物世界的瑰丽与神奇。

期待丛书早日付梓！

陈棪雄

2022年5月8日

前　言

　　始建于1960年的厦门市园林植物园，是国内少有的建于城市中心区的植物园，也是国家首批AAAA级旅游区、鼓浪屿—万石山国家级重点风景名胜区的重要组成部分。作为一家集自然景观、人文景观、植物造景于一体，在国内享有盛誉的植物园，厦门市园林植物园既是本地市民十分喜爱的户外休闲活动场所，也是省内外许多旅游团"钦定"的景点，更是小红书、马蜂窝、携程等各大热门App推荐的厦门网红打卡点，每年的游客量高达数百万人次。

　　厦门市园林植物园建园60多年来，从世界各地引进栽培植物8600多种（含种下单位及品种），栽植在各个专类植物区里，建成了多个景观优美、科学内涵丰富的专类园区。园区内的每一棵植物都有着自己的故事，有的远渡重洋，在厦门安家落户；有的见证了厦门市园林植物园的某个重要时刻；有的代表了特定的植物文化；有的展示了植物的特殊行为；有的则体现了植物的智慧……

　　为了把厦门市园林植物园各大专类园的建设创意，以及专类园里栽培的新奇有趣的植物介绍给广大游客，实现植物园的教育功能，提升游客的游览体验，我们策划了"畅游厦门园林植物园"系列丛书。丛书以厦门市园林植物园的专类园区为切入点，以图文并茂的形式，向读者介绍各个专类园区的主要历史人文景观、自然景观以及特色植物，着重介绍植物科学知识和植物文化知识。植物科学部分介绍植物的中文名、学名、科名，以及对该植物的形态描述等，其中，被子植物的科名采用被子植物系统发育研究组系统（APG IV），裸子植物的科名采用克里斯滕许斯裸子植物系统，蕨类植物采用蕨类植物系统发育研究组系统（PPG I）；植物文化部分主要介绍该植物与厦门市园林植物园之间的小故事、植物趣味科学知识、植物的文化内涵等。值得一提的是，本丛书相当于厦门市园林植物园各专类园区的自助导览手册，每一分册都为所介绍的专类园区制作了一张手绘导览图，沿着最佳游览路线，按顺序为读者标注书中所介绍的植物。读者手执图书，就可以按图索骥在园区里找到相应的景点、植物，从而加深对景物的认知，在寻找、学习的过程中增强热爱植物、热爱自然、保护自然的意识，进而推动全社会生态文明建设共识的形成。

本丛书的编撰在编委会全体成员的鼎力支持下完成，同时得到了厦门市园林植物园创始人陈榕生先生、厦门市园林植物园原副总工程师陈恒彬老师的指导，以及李振基、顾垒、史军、王康四位植物科普专家的审校，厦门市教科院中学生物教学研究前辈魏道劲老师也为每个专类园区作词，在此深表谢意！

莺啼序·花海放歌

——厦门市园林植物园礼赞

魏道劲

嘉禾鹭乡宝地，构园林乐土。

六十载、地覆天翻，历经多少烟雨。

如今是、蜚声世界，名闻植物基因库。

已然成，科普景区，观光门户。

遥想当年，艰难创业，恁含辛茹苦。

莽丛岭、万笏千岩，开山平坡修路。

广搜罗、八方引种，众花草、精心培护。

绘蓝图，规划区分，殚精谋虑。

背依五老，俯瞰九龙，双溪长流注。

看漫岭、树连天界，翠溢石湖，古刹钟鸣，百卉香吐。

棕榈篁竹，松杉多肉，琳琅专类添奇趣，课题研、驯化臻新誉。

珍稀育保，自然兼具人文，游客留连朝暮。

前驱慧眼，后继倾情，更献身接续。

莫能忘、英才睿识，远瞩高瞻，政府支持，侨胞鼎助。

椰风海韵，南疆生色，蔚然绿肺岛城出，上层楼、再把辉煌谱。

输诚礼赞词吟，胜友相招，共偕欢旅。

兰陵王·南洋杉草坪情思

魏道劲

风情绰。高树环围结幕。
芊芊草，铺地连天，辉映晴阳绿青灼。
澳杉矗如爝。交错。层枝张廓。
宽平广、梳影弄荫，游客流连稚童乐。

伟人亦来确。有樟植为证，碑立扬榷。
特区事业伊开拓。
每莅临凝想，仰瞻存照，团花锦簇步轻蹀。
任心潮翻濯。

思索。记畴昔。此漫野荒芜，乱石斑驳。
建园筹运谋帷幄。
念一甲功成，憩坪超卓。
入门即见，但开眼、展气魄。

目 录

万笏朝天

厦门市园林植物园概况 ●

　　厦门市园林植物园始建于1960年，俗称厦门植物园、万石植物园，是鼓浪屿—万石山国家级重点风景名胜区的重要组成部分、首批国家AAAA级旅游区（点），也是福建省第一个植物园。园内汇集了植物造景、自然奇观和人文胜景三大特色景观，是闽南地区久负盛名的旅游观光胜地，也是国内知名植物园之一。与国内众多植物园相比，厦门市园林植物园有着独特、丰富的自然景观和历史人文景观，且紧邻市中心，这一优势和特点为其他植物园所罕见。厦门市园林植物园植物景观丰富多彩，自然景观优美，生态环境良好，科学内涵丰富，是一个集植物物种保存、科学研究、科普教育、开发应用、生态保护、旅游服务和园林工程等多功能于一体的综合性植物园，是进行植物学相关研究的重要场所和基地，也是以植物学知识为主的科普园地，拥有"全国科普教育基地""中国生物多样性保护示范基地""福建省首批科普旅游定点单位"等称号。

太平石笑

一、自然条件

厦门市园林植物园位于厦门岛南部的万石山上，园内山峦起伏，奇岩趣石遍布，山岩景观独特，摩崖石刻众多，涵盖山、洞、岩、寺等景观，拥有"万石涵翠""太平石笑""天界晓钟""万笏朝天""高读琴洞"等诸多厦门名景，郑成功杀郑联处、郑成功读书处、澎湖阵亡将士台、樵溪桥等省、市级文物保护单位，以及天界寺、万石莲寺、太平岩寺等闽南名寺，是风景名胜荟萃之地。

厦门市园林植物园内还有湖、溪、泉、涧等丰富的水资源，主要水体樵溪和水磨坑溪从东至西贯穿全园。源于五老峰北麓的樵溪蜿蜒曲折，流经紫云岩、百花厅，注入西北部的万石湖，而水磨坑溪则流经太平岩寺、中岩寺、万石莲寺、蔷薇园，最后注入万石湖。位于园

万石涵翠

象鼻峰

中心山顶位置的西山水库，也滋养着中部山水。园内另一重要水体是南部的东宅坑水库，它是厦门市园林植物园南门景区的重要组成部分。

厦门地处北回归线边缘，东濒大海，属南亚热带季风海洋性气候，冬无严寒，夏无酷暑，终年气候温暖，雨量适中，是进行植物引种栽培、种质资源保存、生物多样性保护和优良园林植物推广工作的重要基地。

良好的气候条件与丰富的水资源，为厦门市园林植物园的景观建设提供了得天独厚的条件。利用从世界各地引种来的众多热带、亚热带植物，厦门市园林植物园现已建成裸子植物区、南洋杉疏林草地、竹类植物区、雨林世界、药用植物区、藤本植物区、多肉植物区、奇趣植物区、棕榈植物区、姜目植物区、百花厅、山茶园、花卉园、市花三角梅园等多个专类园区。各个专类园区因地就势，合理配置各种乔木、灌木、草本植物，结合山、水、石以及地形地

裸子植物区

百花厅

◇ 南洋杉疏林草地

◇ 棕榈植物区

雨林世界

多肉植物区

姜目植物区

花卉园

市花三角梅园

藤本植物区

奇趣植物区

蔷薇园

貌，营造出一个极富生物、生态多样性，兼具公园外貌与科学内涵的园容园貌，致力于追求自然、古朴、野趣和"虽由人作，宛自天开"的意境。

二、历史沿革

20世纪50～60年代，厦门响应国家号召，掀起一波又一波兴修水库的运动。1952年，万石岩水库开始修建，水库汇樵溪、水磨坑溪于一湖，是一座以景观和绿化用水为主的小型水库。水库周边有一个由厦门市园林管理处管辖的苗圃，以及当时的"公园公社"管辖的一些个人花圃。后来由厦门市园林管理处统一收编，成立"厦门花圃"。"厦门花圃"以生产盆栽花卉为主，拥有一定数量的植物及栽培人员。

万石山紧邻市中心，交通便捷，区位优势明显，景色优美，适合兴建可供民众游憩休闲，且具植物科学研究功能的植物公园。1960年，经当时的厦门市市长李文陵批准，以万石山上的"厦门花圃"为基础，开始初步划定园区，筹建植物公园，并从杭州、上海、广州等地引种植物。1961年厦门派人驻广州考察并获取中山大学康乐植物园的植物名录一册，同时引回数百种植物，丰富了厦门的园林植物种类，并得到福建省林业厅与国家林业部的重视和支持，建立了"福建省厦门树木园"。1962年，林业部副部长罗玉川访厦，对厦门树木园的工作极为重视和支持，委请北京林学院园林系专家李驹、孙筱祥、陈有民、陈兆麟等人，组成规划、设计专家组，设计勾画了园林植物园雏形，并开始有计划地进行热带植物的引种和建园工作。"文革"时期，厦门树木园一度处于混乱停顿状态，绿化建设遭受严重的破坏，建成区、引种圃的花草树木损失了70%以上。直到1972年以后才重整旗鼓，恢复引种驯化工作，并根据当时国家城市建设管理部门的意见，将园名定为"厦门园林植物园"。1981年，著名作家茅盾先生题写了园名"厦门园林植物园"，后刻于西大门入口处。

1985年5月，厦门市城乡建设委员会发文将园名改为"厦门市万石植物公园管理处"；1987年1月，厦门市政府正式出文核发了总面积为227公顷的用地红线；1999年1月，中共厦门市委机构编制委员会同意园名改为"厦门市园林植物园"；2005年8月，厦门市政府正式出文将厦门市园林植物园的红线范围扩大至493公顷。

三、规划布局

1993年，厦门市园林设计室与厦门市园林植物园共同编制了《厦门市园林植物园总体规划（1993—2012年）》，同年通过了以陈俊愉院士为组长的评审专家组的技术鉴定，获得了充分肯定和高度评价，这是我国较早编制且较完善的植物园总体规划之一。

该规划综合考虑地貌特征和景观特色等要素，将全园分为万石景区、紫云景区和西山景区三个景区。其中，万石景区以湖光山色为依托，以争奇斗艳的热带植物和园林建筑为基调，糅合金石园（新碑林）、醉仙岩等摩崖石刻，以及宗教寺庙的自然、人文景观，并配套必要的旅游服务设施，以植物科普和游览观光为主要功能；紫云景区幽深雅静，从人工热带雨林景区开始，以水生植物区为主体，拓展藤本园、灌木园、鸣翠谷，并延伸到五老峰，创造良好的生态环境，其功能侧重于满足人们重返大自然的心理需求；西山景区坡缓地多，土层深厚，为全园土地条件最佳区域，以香花植物保健区、观光果园、花卉生产示范区为基础，重点建设大型温室群、荫棚区、引种驯化区等，以满足植物园引种驯化和科研科普、生产的要求，兼有度假、休息、疗养功能。每个景区都包括若干小区，秉承"保护环境、合理开发、永续利用"原则，以完善万石游览观光核心景区、改造紫云休闲景区，开发西山引种驯化和科研生产中心景区为目标，建设并完善各专类园及配套设施，努力建成国内一流、国际知名的南亚热带大型植物园。

该总体规划的修编，为景区的建设和开发指明方向，提供依据，在科学保护景区风景名胜和自然资源、抚育风景区生态环境、保护生物多样性、强化景区特色、提高风景区品牌形象等方面都发挥了积极作用。

四、作用与影响

厦门市园林植物园建园60多年以来，始终秉持、肩负物种保存、园林应用、科学研究、科普教育和生态旅游的初心、使命，以热带、亚热带植物为主，建成了自然景观优美，人文景观丰富，集科研、科普、旅游、生态保护及城市园林示范等功能为一体的综合性植物园，在国内外具有较高的知名度和影响力。

厦门市园林植物园是隶属城建系统的植物园，其重要作用之一是为城市园林和绿地建设服务，即通过引种、驯化，不断丰富观赏植物种类，通过植物景观和造园示范，为城市绿地建设提供借鉴，以及研究解决城市绿地建设中的具体难题。作为引种驯化和园林建设示范基地，厦门市园林植物园充分发挥了应有的作用，不仅在我国首次引种了著名食用香料植物香子兰以及新西兰麻等观赏和经济植物，在福建省首次引种成功并推广了优质、高产的栲胶植物——黑荆树，还引种成功并推广了棕榈科、南洋杉科、秋海棠科、凤梨科等园林观赏植物，选育出多个三角梅新品种，建成了国家棕榈植物保育中心、国家三角梅种质资源库。60多年来，厦门市园林植物园共引种栽培植物8600余种（含种下单位及品种），是国内植物物种多样性最丰富的植物园之一。厦门市园林植物园还承担了厦门市、福建省、科技部多个项目与平台的建设，许多研究成果达到国内领先、国际先进水平，为厦门市园林绿化水平的提升起到了积极作用，还多次代表厦门市或福建省参加国内外各种园林、园艺博览会展，屡获大奖，为厦门市赢得不少荣誉。

厦门市园林植物园作为国家级科普教育基地，充分发挥自身资源优势，挖掘科学内涵，开展具有植物园特色、形式多样、常态化的科普教育活动，并开创了多个科普活动品牌，丰富城市文化生活，促进科学普及推广，为提升公众科学素质作出贡献，取得了良好的社会影

2007年第六届中国（厦门）国际园林花卉博览会厦门园获室外展园大奖

2013年第九届中国（北京）国际园林博览会福建园获室外展园综合奖大奖

响。园内还曾接待邓小平、胡锦涛、朱镕基等党和国家领导人，不少国外政要曾来园视察、游览，有的还在园内植树纪念。1984年，邓小平同志在南洋杉草坪亲手种植了一株大叶樟，为园区添辉增色。

中小学生参观邓小平植树处

科普志愿者为学生团队讲解

南洋杉疏林草地简介

　　从绿树葱茏的西大门进入厦门市园林植物园，沿石阶拾级而上，尽头处便见一处开阔的水域，这就是美丽的万石湖。万石湖南侧有一片低丘缓坡草地，即南洋杉疏林草地。

　　南洋杉疏林草地面积约 10000 平方米，始建于 1960 年，由我国著名风景园林专家孙筱祥教授规划，1998 年作了局部调整。这是从西大门进入厦门市园林植物园后见到的第一个专类园，园区内展示了多种极具南国风情的南洋杉科植物，是目前国内收集南洋杉科植物种类最多的专类园区。宽广的草地上，花团锦簇的灌木与高大挺拔的南洋杉相互映衬，构筑了一个疏朗大气的空间，是市民和游人休憩、嬉戏、举办各种活动的绝佳场所。86版电视连续剧《西游记》中，孙悟空、猪八戒和沙僧收玉华洲国的三个太子为徒，拜师的场景就是在南洋杉疏林草地拍的。

南洋杉疏林草地一隅

南洋杉疏林草地一隅

南洋杉疏林草地有多株党和国家领导人种植的纪念树，有邓小平1984 年 2 月 10 日亲手栽下的大叶樟，还有彭真、万里、王震等种植的异叶南洋杉。南洋杉疏林草地的外围也不乏有故事的植物，且让我们一起去探寻这些植物的奇闻趣事吧！

　　南洋杉疏林草地一隅

　　邓小平手植大叶樟

① 金杯花　　　　㉛ 印度紫檀
② 美丽赪桐　　　㉜ 广西火桐
③ 菩提树　　　　㉝ 水鬼蕉
④ 黄花夹竹桃　　㉞ 贝壳杉
⑤ 夹竹桃　　　　㉟ 斐济贝壳杉
⑥ 火焰木　　　　㊱ 卵叶贝壳杉
⑦ 古城玫瑰树　　㊲ 大叶南洋杉
⑧ 槭叶瓶干树　　㊳ 异叶南洋杉
⑨ 莲雾　　　　　㊴ 肯氏南洋杉
⑩ 大叶樟　　　　㊵ 柱状南洋杉
⑪ 三角梅　　　　㊶ 巴西南洋杉
⑫ 金蒲桃　　　　㊷ 山地南洋杉
⑬ 鸳鸯茉莉　　　㊸ 鲁莱南洋杉
⑭ 木棉　　　　　㊹ 金叶白千层
⑮ 锦绣杜鹃　　　㊺ 烟火树
⑯ 垂花悬铃花　　㊻ 幌伞枫
⑰ 扶桑　　　　　㊼ 澳洲坚果
⑱ 星苹果　　　　㊽ 丹绒花
⑲ 牛蹄豆　　　　㊾ 红苞花
⑳ 蓝花楹　　　　㊿ 苏里南朱缨花
㉑ 凤凰木
㉒ 羊蹄甲
㉓ 洋紫荆
㉔ 红背桂
㉕ 变叶木
㉖ 嘉宝果
㉗ 垂枝红千层
㉘ 南洋楹
㉙ 苹婆
㉚ 假苹婆

万石

⑧

④ ⑤ ⑦
⑥ 　 　 ㊾
② ③ ㊿
① 　 　

西门

厦门园林植物园

南洋杉疏林草地导览图

百花厅

北

石涵翠

天界晓钟

候车亭

人文景观

RENWEN JINGGUAN

1

万石涵翠

    万石湖由厦门市园林植物园内两大水系——水磨坑溪和樵溪汇流而成，它的前身是万石岩水库，建于 1952 年，当时是为防止山地泥沙冲入市区，并作为战备水源而建的。

    环绕万石湖，建有多个专类园区，北侧是松杉园、竹径，南侧为南洋杉疏林草地，东侧为棕榈岛、百花厅，西侧大坝上成排种植着极具南国风情的华盛顿棕。万石湖上有一座经典的拱桥——春秋桥，还有一座贴着水面"斗折蛇行"的天趣桥，两桥相映成趣。另有仰止亭、沧趣亭、适然榭等点缀其中。湖光山色、草木葱茏，构成厦门二十名景之一——万石涵翠。

万石湖晨景

万石湖秋景

春秋桥

2

天界晓钟

从西大门进入厦门市园林植物园，沿南洋杉疏林草地右侧上行，不多久便到了狮头山。山上有一座掩映在浓荫里的寺庙，即天界寺。狮头山上有许多突起的岩石，天界寺所在的山峰，古人觉得远看像仙人酒醉假卧的样子，因此称之为"醉仙岩"。天界寺后有两块巨石，分别刻着"仙岩""天界"四个字。远远望去，两块巨石宛如骆驼伏地，故醉仙岩又称"骆驼峰"。

天界寺山门

清乾隆年间，厦门名士黄日纪在醉仙岩读书，与醉仙岩住僧月松相识，两人说法参禅，成为密友。乾隆六年（1741年），黄日纪与月松筹划在醉仙岩侧募建天界寺，供奉观音和仙翁。此后，醉仙岩成了释道合一的道场，始称天界寺。乾隆二十五年（1760年），月松在"天

界"题刻的岩石下建一亭，人称
黄亭，以纪念黄日纪的开拓之功。
原亭现已废，石刻仍在。

古时寺中僧众每日拂晓念
经，必先敲钟108下，寓意"醒
一百零八烦恼梦"。钟声悠扬，山
下可闻，人称"天界晓钟"。天界
晓钟历史上为厦门小八景之一，
现为厦门新二十名景之一。

天界寺一隅

天界寺一隅

25

3 长啸洞

天界寺后有两块巨石，一块上刻"仙岩"，一块上镌"天界"，二石之间有段陡峭的蹬道，蹬道尽头就是长啸洞。洞的两端贯通，风起时，山鸣谷应，似虎长啸，故称长啸洞。醉仙岩原有醴泉洞、长啸洞、黄亭、旷仪台等仙岩四景，现仅剩醴泉洞、长啸洞两处景点可见。

洞内外石壁有多处题刻，其中刻于明万历三十六年（1608年）的明朝征倭诸将诗最有价值，三首诗分别由抗倭将领施德政、李扬和徐为斌所题。诗刻反映了明嘉靖、万历年间东南沿海备受倭寇侵扰的历史背景，描述了明朝水师巡哨海上的雄壮军容，以及抗倭诸将抵御外侮的英雄豪气。2001年1月，此诗刻被确定为第五批省级文物保护单位。

长啸洞

"天界""仙岩"题刻

征倭诸将诗刻

长啸洞题刻

4

醴泉洞

　　天界寺脚下有一个由巨石掩覆而成的洞穴，洞中有口井，为明朝太常少卿池怀绰（名浴德）所开凿。井水甘洌，用它酿酒十分好喝，人称"醴泉"。洞顶巨石上镌刻的"醴泉洞"三字，为明代厦门名士傅钥所题。

　　传说此地有神仙为人指点迷津，求的人只要伏在井边静心观察井面，就能看到希望看到的一切，人们称此井为"仙井"。从科学的角度来解释这一现象，其实是因为人从明处突然进入暗处，不适应光线的变化，加上心理作用，从而产生了各种幻象。

醴泉洞

特色植物

TESE ZHIWU

1

金杯花

学名：*Solandra grandiflora*
科名：茄科

🌱 植物小知识

　　金杯花原产中美洲和南美洲北部，为多年生常绿大型藤本。茎及枝条粗壮，叶片长椭圆形，厚革质，亮绿色。金杯花于春夏之交开花，花苞刚抽生时为黄绿色，藏在枝叶中不易被发现；花苞快开放时为淡黄色，宛如一个个握紧的小拳头；花朵盛开时，花色逐渐变为金黄色，好似一个金色的酒杯，故名金杯花。金杯花的花很大，直径可达 20～25 厘米，花瓣厚革质，内侧有 5 条深褐色条纹。

金杯花

🌼 金杯花的花苞

🌼 盛开的金杯花

🌼 长筒金杯花

🌱 植物小故事

　　金杯花的花是典型的完全花结构，花萼、花冠、雄蕊、雌蕊齐全，且花朵大，容易辨认，是植物学教学讲解花结构的良好素材。

　　金杯花花形奇特，观赏性强且花期长，是优良的藤架植物。跟金杯花相似的长筒金杯花（*Solandra longiflora*），厦门市园林植物园也有栽培，其花冠的大小和开口都比金杯花小，但花冠筒比金杯花的更长，从侧面看更像奖杯。

2

美丽赪桐

学名：*Clerodendrum speciosissimum*

科名：唇形科

🌿 植物小知识

　　美丽赪桐又名艳赪桐，茎柔软不能直立，属于蔓性藤本。美丽赪桐盛花时犹如一团团燃烧的火球，不仅花萼、花瓣是红色的，连雌蕊和雄蕊都是红色的。五片花瓣从中央向四周舒展开来，细长且略带弯卷的花蕊仿佛喷射而出的火焰，因此，又有人称它为"红龙吐珠""烈火赪桐"。叶片椭圆形，成对着生在枝条两侧，叶缘为波浪状，叶色油亮墨绿。

🌸 美丽赪桐

美丽赪桐的花蕊也是红色的

美丽赪桐的叶缘为波浪状

🌿 植物小故事

美丽赪桐原产太平洋西南部，它在春节期间绽放，红红火火，给节日增添了喜庆的气氛。

"赪"读chēng，意为红色。很多人会把"赪"读错或写错，于是就出现"桢桐"这样的异名。

3

菩提树

学名：*Ficus religiosa*
科名：桑科

🌿 植物小知识

　　菩提树原产印度北部、尼泊尔和巴基斯坦，是落叶大乔木，高可达 15～25 米。叶片近心形，叶尖拖着一段长 2～5 厘米的"尾巴"。刚长出的新叶为浅红色，慢慢转为黄绿色，最后变成浓绿色，落叶时为金黄色。其花序是特殊的隐头花序，一个个花序像一颗颗绿色的小珠子镶嵌在叶腋处，不知道的人以为那是果实，其实里面含有无数细小的雄花、雌花和瘿花。在花序的顶端有个极其隐蔽的出入口，那是其授粉媒介榕小蜂的专用通道。果实成熟时为黑红色。

菩提树

菩提树的新叶

菩提树的果实

菩提树的心形叶片

🌰 植物小故事

　　菩提是梵语Bodhi的音译，意指"觉悟、智慧"。相传释迦牟尼就是在菩提树下觉悟成佛的，菩提树因此被尊为佛教圣树，广泛种植于寺院及佛教盛行的地方。

　　菩提树叶尖细长似尾，在植物学上被称作"滴水叶尖"，这是热带雨林植物的特征之一。热带雨林里高温高湿，空气中氤氲的水汽和突如其来的降雨常常在叶面留下密密麻麻的小水珠。这些小水珠不但会妨碍植物的蒸腾作用，还为霉菌的滋生提供了场所，必须尽快排掉。菩提树保持叶片相对干爽的秘诀是：叶片下垂，叶片上的小水珠在重力的作用下不断聚集成大水珠，最后沿着细长的叶尖滴落。

黄花夹竹桃

学名：*Thevetia peruviana*
科名：夹竹桃科

植物小知识

　　黄花夹竹桃原产美洲热带地区，株高 3~5 米，为小乔木。黄花夹竹桃株形秀美，枝条柔软，叶形纤细，叶色翠绿光亮，全株具有丰富的乳汁。花为亮黄色，簇生于枝条顶端，一簇常为两三朵，一朵败了另一朵再开。有趣的是，每朵花的五片花瓣都向左微旋，像叠瓦片一样片片交叠。因其花形如漏斗，状似酒杯，故又名"酒杯花"。黄花夹竹桃的果实为绿色扁三角状球形，虽然很可爱，但是种子有毒，还是不碰为好。

黄花夹竹桃

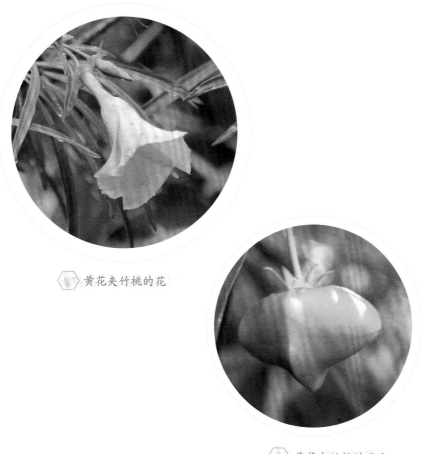

黄花夹竹桃的花

黄花夹竹桃的果实

🌿 植物小故事

黄花夹竹桃是一种美丽的有毒植物，全株所含白色乳汁和种子均有毒。不过，其乳汁也有药用价值，可以提取强心苷。

黄花夹竹桃生长适应性强，株形优美，花期长，是优良的园林绿化植物。热带、亚热带地区常见，我国南方诸省区均有引种栽培。

5

夹竹桃

学名：*Nerium oleander*
科名：夹竹桃科

🌱 植物小知识

　　夹竹桃原产伊朗、印度和尼泊尔。因开红色花，又名红花夹竹桃。通常呈丛生的灌木状，枝条柔软，叶片如柳似竹，叶面深绿色，叶背浅绿色。花朵簇生在枝条的顶端，花瓣粉红色至深红色，还有白色及重瓣等品种。夹竹桃几乎全年有花，夏秋最盛，开花时满树花朵，热闹非凡。

夹竹桃（重瓣）

各种花色的单瓣夹竹桃

🌼 植物小故事

　　夹竹桃花量大，花期长，花色多，开花时给人热烈奔放的感觉，加上它适应性非常强，养护简单，因此深受园林绿化部门的青睐。夹竹桃全株有毒，尤其是其白色的乳汁，毒性最大，观赏时还是眼观手不碰为宜。

　　夹竹桃是"武功盖世的毒美人"，对二氧化硫、二氧化碳、氟化氢、氯气等有害气体有较强的耐受力，它不仅能抗灰尘、抗毒雾、耐受重金属，还能净化空气和土壤。在公路、铁路、工厂等的绿化带上经常能看到它的身影，即使全身落满了灰尘，仍然生长旺盛。

6

火焰木

学名：*Spathodea campanulata*
科名：紫葳科

🌿 植物小知识

　　火焰木花朵硕大，花色猩红，犹如跳跃的火焰，盛花时满树火红，非常壮观，因而又名"火焰树""火烧花"。在原产地热带非洲，其钟形花朵可储存雨水或露水供人饮用，故被称为"喷泉树"；因花朵形状颇似郁金香，其英文名叫African tulip tree（非洲郁金香树）。火焰木的花冠一侧膨大，波浪状的花瓣边缘镶着金边，好似一条极富设计感的红舞裙，洋溢着浓浓的异域风情。火焰木的果实也很特别，像一个个古代的织布梭子。种子周围有一圈薄膜状的翅膀，可助其随风飘散。

火焰木

盛花的火焰木

火焰木的花

火焰木的果实

植物小故事

　　火焰木在厦门几乎可全年开花，花色艳丽，花期长且花量大，是良好的观花乔木。由于生长适应性强，生长速度快，火焰木在全球热带、亚热带地区广泛种植，目前已被澳大利亚、夏威夷、斐济、关岛、万那杜、库克群岛和萨摩亚等国家和地区列为入侵物种。20世纪60年代我国广州开始引种，而后云南、香港、厦门等地陆续栽培，厦门于21世纪初开始大量栽培。

7

古城玫瑰树

学名：*Ochrosia elliptica*
科名：夹竹桃科

🌱 植物小知识

古城玫瑰树为小乔木，与其他的夹竹桃科植物一样，全株具白色乳汁，叶片一轮一轮地生长。古城玫瑰树叶形美观，叶色翠绿，象牙白的花朵小而芳香。最引人注目的是其两两对生的心形果实，刚长出来时是绿色的，成熟时为艳丽的红色，果实表面光滑、有光泽。

古城玫瑰树

古城玫瑰树的花

古城玫瑰树的果实

🌱 植物小故事

　　古城玫瑰树的果实为心形，颜色鲜红，而且成双成对地长，无论是形、色，还是寓意，都符合中国人对爱情的美好想象，因此被视为"爱情果"。古城玫瑰树不但果量大，而且挂果期长，满树红彤彤的果实让人忍不住想要摸一摸、闻一闻。不过，这么诱人的果实其实有毒。尽管夹竹桃科的植物都具有较高的观赏价值，但它们大多是"毒美人"，切记眼观手不动！

8

槭叶瓶干树

学名：*Brachychiton acerifolius*
科名：锦葵科

🌰 植物小知识

槭叶瓶干树原产于澳大利亚的昆士兰和新南威尔士，故又名"澳洲火焰木"。高可达20米，主干通直，枝层分明。槭叶瓶干树在原产地是先开花后长叶的，盛花时不见绿叶，一个个红艳艳的"小铃铛"（花）在枝顶聚集成圆锥花序。因其叶子的形状与槭树叶子一样，上部 3 ~ 5 裂，下部连在一起，像手掌一般，故名"槭叶瓶干树"。

❀ 槭叶瓶干树

槭叶瓶干树的花

槭叶瓶干树的叶

🌿 植物小故事

　　槭叶瓶干树春夏开花，花开满树，花色鲜红，是一种优良的观赏树种，我国的福建、海南、广东等省均有栽培。槭叶瓶干树在原产地是落叶的，引种到我国后，大多为半落叶，一般在开花之前落叶，但会留有部分绿叶。

9

莲 雾

学名：*Syzygium samarangense*
科名：桃金娘科

🌱 植物小知识

莲雾又名洋蒲桃、爪哇蒲桃，其拉丁学名中的 *samarang* 指其原产于印度尼西亚爪哇岛北岸的三宝垄。莲雾是常绿大乔木，高可达 12 米或更高，胸径可达 60 厘米，冠大荫浓。莲雾的花白色，吐着长长的花丝，好似一个个毛茸茸的粉扑。其果实聚集在枝条上，恰似一串串小铃铛。果皮有光泽，颜色因品种不同而变化，有红色、粉红色、绿色至白色；果肉饱满多汁，清脆爽口，果味清甜，果香独特。

🌸 盛果的莲雾

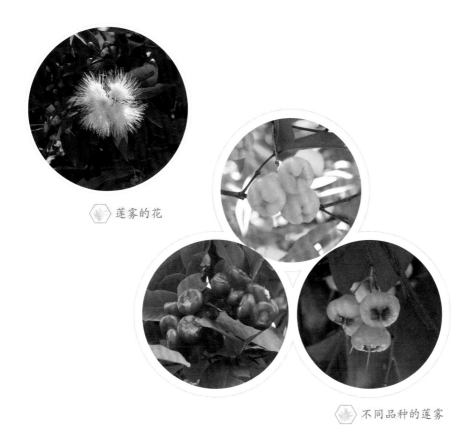

莲雾的花

不同品种的莲雾

🌢 植物小故事

　　莲雾是著名的热带水果。17 世纪荷兰人占据台湾时，将莲雾从印尼引入台湾。没想到台湾的气候十分适合莲雾的生长，莲雾一跃成为台湾的"水果之王"。台湾还培育出了"黑珍珠"、"黑钻石"等莲雾的优良品种。

　　莲雾如此诗意的名字是怎么来的呢？有人说是因为其果实像倒生的莲蓬，也有人说是因为其果实像莲台，其实都不是。莲雾在原产地的印尼语中叫"Jambu air"，使用闽南语的台湾人根据其发音，直接译作"莲雾"。一定要用闽南语读才会像哦！

10

大叶樟

学名：*Cinnamomum glanduliferum*
科名：樟科

🌰 植物小知识

    大叶樟也叫云南樟，是樟科樟属的常绿乔木，高 5～15 米，树皮灰褐色，具有樟脑气味。樟树之所以叫"樟"，据说是因为它们的树皮有深深的纵向裂纹，古人觉得这些纵纹看起来就像一篇篇刻着字的文章，所以把这种树称作樟树。

大叶樟的叶可蒸馏出樟脑和樟脑油。花小，直径约 3 厘米，淡黄色；果实球形，直径约 1 厘米，成熟时为黑色，种子含油率约 45%，可供工业用。

🍁 邓小平亲手种植的大叶樟

大叶樟成熟的果实

大叶樟的花

植物小故事

　　南洋杉疏林草地的大叶樟，是 1984 年 2 月 10 日邓小平到厦门视察时亲手种下的。1998 年，为方便人们瞻仰，厦门市园林植物园在树冠下铺设了 20 厘米厚的地表硬铺。不久后，这株编号 0001 的厦门第一号名木，叶片开始脱落，枝梢逐渐枯死，生长状况岌岌可危。科研人员采样分析后，认为主要原因是地表硬铺导致土壤不通气，透水不良，根系坏死。为此，植物园对原硬铺进行挖空处理，同时增开 47 个地面"呼吸口"，定期进行孔洞松土，以促进大叶樟根系的"呼吸"和生长。

　　这棵大叶樟刚种下时高 2 米左右，如今枝繁叶茂、苍翠挺拔，树高超过 10 米，树冠超过 20 米，每年开花、结果。它不仅见证了厦门经济特区的飞速发展，也成为人们缅怀一代伟人的好去处。

11

三角梅

学名：*Bougainvillea spp.*
科名：紫茉莉科

🌱 植物小知识

　　三角梅为常绿攀援状灌木，叶片卵形，叶色翠绿。三角梅色彩鲜艳的"花朵"其实是一种变态叶，称为苞叶或苞片，苞片上还能看到叶脉，因此三角梅也被称为"叶子花"；它有 3 片苞片，每 1 片苞片上有 1 朵小花，花形有点儿像梅花，苞片和小花呈三角状排列，故名"三角梅"；因其"花"量大，层层叠叠，又被称为"九重葛"；因其开花像杜鹃花般美丽而热烈，枝条上有刺（"刺"在粤语里叫"簕"），故在广东等地被称为"簕杜鹃"。三角梅的花很小，没开时就像 3 根彩色的火柴棒。三角梅的小花大多为淡黄色，而苞片则色彩丰富，有红色、粉色、橙黄、紫红、乳白、复色等。

"帝国喜悦"三角梅

⬡ "火焰"三角梅

⬡ "粉红小精灵斑叶"三角梅

⬡ "中闽1号"三角梅

🌱 植物小故事

　　三角梅与"金砖会议"有很深的渊源。三角梅原产于"金砖五国"（巴西、俄罗斯、印度、中国、南非）之一的巴西及其他南美国家，印度拥有三角梅新品种登录的权威机构——印度农科院，而中国则在三角梅的品种数量、应用形式等领域走在世界前列。三角梅还是厦门、深圳、三亚、北海等 30 余个城市的市花。2017 年金砖会议在厦门召开，厦门主要道路及主会场均用三角梅布置，"一城春色半城花"的花境获得与会代表的一致好评。

　　2005 年，厦门市园林植物园建成了我国第一个三角梅专类园，从国内外引种三角梅超过 300 个品种，数量一直位居国内领先地位，并选育出"中闽 1 号""中闽 2 号""闽红 1 号"等一批三角梅新品种。2020 年，厦门市园林植物园获批成为我国唯一的国家级三角梅种质资源库。

12

金蒲桃

学名：*Xanthostemon chrysanthus*
科名：桃金娘科

植物小知识

　　金蒲桃祖籍澳大利亚，是澳洲特有的代表植物之一。金蒲桃叶色亮绿，新叶带有红色，叶子揉搓后有番石榴气味。它的花格外别致，盛花时一簇簇金黄色的花朵仿佛一个个亮丽的黄绣球缀满枝头，又似一张张憨态可掬的熊猫脸，故又名"金黄熊猫""澳洲黄花树"。金蒲桃的花萼、花瓣各5片，花初开时为黄绿色，后慢慢转为黄色，快凋谢时为金黄色。最引人注目的还是那金黄色的花蕊，像烟花般绚烂。

金蒲桃

金蒲桃的果序

金蒲桃的花序

🌱 植物小故事

　　蒲桃、洋蒲桃（莲雾）都是著名的热带水果，尽管金蒲桃与它们只有一字之差，但亲缘关系比较远，是另外一个属的植物。金蒲桃果实小，果壳硬，种子多，不能食用。不过，金蒲桃花蜜丰富，是一种蜜源植物，只要它开花，就会引来许多喜欢吸花蜜的鸟类，蜜蜂、熊蜂、报喜斑粉蝶等昆虫也趋之若鹜。

　　金蒲桃树形优美，木质坚硬，是良好的绿化、造林树种。目前国内福建、广东、广西、香港、海南、台湾等省区有引种栽培，开发前景十分广阔。

13

鸳鸯茉莉

学名：*Brunfelsia brasiliensis*
科名：茄科

🌼 植物小知识

　　鸳鸯茉莉为常绿灌木，原产于南美洲，我国南方地区多有栽培。株高近 2 米，盛花时花枝倾泻如瀑布，花香浓烈。花朵初开时为优雅的蓝紫色，随着时间的推移，颜色逐渐变淡，最后变成白色。每一朵花都会经历这种变化过程，两种颜色的花朵齐现枝头，花香似茉莉，故又称"二色茉莉""双色茉莉"。鸳鸯茉莉的花朵呈高脚碟状，有着长长的花冠管，雄蕊和雌蕊就藏在花冠中心的小孔里。

鸳鸯茉莉

🌿 盛花的鸳鸯茉莉

🌿 鸳鸯茉莉的花

🌸 植物小故事

　　鸳鸯茉莉的花量很大，且一棵植株同时存在蓝紫色、雪青色、白色等多种花色，其中以蓝紫色和白色最为醒目。鸳鸯茉莉的花初开时为蓝紫色，第 2～4 天逐渐变为雪青色，第 4～5 天变为白色。鸳鸯茉莉的花为何会变色呢？原来，它是通过颜色变化来与授粉昆虫"对话"。紫色的花仿佛在跟昆虫说："快来快来，请你吃花蜜。"白色的花则对昆虫说："别来了别来了，我已经快要谢了。"

14

木　棉

学名：*Bombax ceiba*

科名：锦葵科

🌣 植物小知识

　　木棉高大挺拔，树干上布满疙瘩和圆锥状硬刺。早春时节，新叶还未长出，碗口般大小的花朵就绽放在光秃秃的树枝上。红色或橙红色的花瓣搭配亮黄色的花蕊，十分鲜艳。木棉花凋零时，并不像其他花那样慢慢枯萎，而是在开到最盛的时候从树枝上整朵掉落，颇有"壮士一去不复返"的英雄气概。木棉的果实犹如一个个倒挂在枝杈上的手榴弹，更衬托出一种"舍生取义"的凛然气势。无论是株形还是花色、气质，木棉都担得起"英雄花"的美名。

木棉

盛花的木棉

木棉的花

树干上的圆锥状粗刺

木棉的果实

🌑 植物小故事

　　木棉的果实在夏天成熟，果实里充满棉絮团，每个棉絮团包裹着一颗黑色的种子。果壳裂开后，大量的絮状物随风飘散，犹如飞雪。木棉的棉絮质地柔软，但过于细碎，难以纺织，一般只用来填充枕头、被褥等。由于华南地区不产棉花，过去每到木棉飘絮的时节，当地民众就会收集棉絮，用它代替棉花作填充料，这也正是木棉名称的由来。

15

锦绣杜鹃

学名：*Rhododendron X pulchrum*
科名：杜鹃花科

🪴 植物小知识

    锦绣杜鹃又名"毛杜鹃"，因为它的叶片刚长出来时表面有稀疏的褐色茸毛。随着时间的推移，叶片正面的毛会消失不见，而叶柄和树枝上则一直保留着稀疏的茸毛。锦绣杜鹃株高可达 2 米，春至夏初开花，漏斗状的花丛生于枝端，最上方的花瓣带有深红色斑点（蜜斑），仿佛在热情地招呼昆虫："花蜜在这呢。"锦绣杜鹃有许多栽培品种，花色各异，有玫瑰紫、白色、粉色等。

🌼 锦绣杜鹃

✿ 不同品种的锦绣杜鹃

🌱 植物小故事

　　锦绣杜鹃的花朵在花蕾期含糖量很高，会吸引很多昆虫。为了保护自己，锦绣杜鹃花苞的芽鳞片及花萼上密布能分泌黏液的细毛。这种黏液具有很强的黏性，不仅蚂蚁，就连苍蝇、蜜蜂、蜘蛛等小型昆虫被粘上后都很难逃脱，最终死亡。

　　锦绣杜鹃并非映山红。映山红指的是原产我国的杜鹃花（*Rhododendron simsii*），而锦绣杜鹃是个"混血儿"，它的"父亲"是原产日本的皋月杜鹃（*Rhododendron indicum*），"母亲"是原产我国的白花杜鹃（*Rhododendron mucronatum*）。

✿ 锦绣杜鹃花苞上的蚂蚁尸体

59

16

垂花悬铃花

学名：*Malvaviscus arboreus*
科名：锦葵科

🌿 植物小知识

　　垂花悬铃花简直就是"开花机器"，一年四季花开不断。它的五片花瓣闭合呈管状，向下悬垂，总是一副将开未开的样子。花形似风铃，花蕊合生成筒状，伸出花外，恰似风铃的吊坠。垂花悬铃花常常被误认为是还没开放的扶桑花，这时花蕊就是区分它们的重要依据。垂花悬铃花的花瓣并不会随着时间的流淌而打开，但是它的花蕊会悄悄地伸出来。花蕊成熟后，最先端的雌蕊先"绽"开，柱头为 10 裂，毛茸茸的，而扶桑的柱头只有 5 裂。

垂花悬铃花

垂花悬铃花的雌蕊为 10 裂

植物小故事

垂花悬铃花的雄蕊远离雌蕊

垂花悬铃花原产中美洲和南美洲，我国南方各地温室都有引种栽植。它的花有粉红和大红两种颜色。垂花悬铃花的雄蕊在雌蕊的上方，二者相距较远，一般昆虫很难给它授粉。垂花悬铃花是典型的鸟媒花，在原产地是由蜂鸟传粉，蜂鸟可以悬停在花的下方，把细长的喙伸入花冠管吸取花蜜，而蜂鸟头部粘着的另一朵花的花粉便会碰到花的柱头，从而完成授粉。中国没有蜂鸟，垂花悬铃花缺少真正有效的传粉者，所以在中国很少结果。

17

扶　桑

学名：*Hibiscus rosa–sinensis*
科名：锦葵科

🌱 植物小知识

　　扶桑拉丁学名中的 *rosa-sinensis* 是"中国玫瑰"的意思，点明其原产中国，且花的形状像玫瑰。扶桑品种繁多，有单瓣、重瓣之分。扶桑花色极其丰富，有红色、黄色、粉色、白色等，还有复色。古人因"其花如木槿而颜色深红，称之为朱槿"，即赤红色的扶桑为朱槿。其他颜色的扶桑亦有别名，如白色的为白槿，黄色的为黄槿。不过，如今无论是何种颜色的扶桑，都可称为朱槿。赤红色的扶桑因其花大色红，岭南一带的人们直接称之为"大红花"。

扶桑

扶桑（白花）

扶桑（粉花）

扶桑（黄花重瓣）

🌱 植物小故事

扶桑原产中国，是广西南宁和云南玉溪的市花，还是马来西亚、苏丹、斐济的国花。厦门自20世纪初期就有栽培，1986年厦门启动市花评选活动，扶桑曾进入候选名单。扶桑，是厦门市民很熟悉的植物，吸食扶桑花蜜是许多人童年的记忆。

扶桑花期较长，且花朵硕大、色彩鲜艳，是亚洲地区园林绿化的重要花木之一，全世界有扶桑栽培品种3000余种。

扶桑（粉花重瓣）

18

星苹果

学名：*Chrysophyllum cainito*
科名：山榄科

星苹果

🌰 植物小知识

星苹果叶面光滑翠绿，叶背密被深黄色茸毛，被戏称为"两面派"，也被称作"金叶树"。果实未成熟时为绿色，形状、颜色很像青苹果，但闻起来并无苹果味；成熟时为紫色，大小、颜色跟山竹差不多，切开后果皮里有白色乳汁流出，所以有人叫它"牛奶果"。把果实横切，可以看到像苹果一样的星状图案，只不过苹果里那颗"星"是五角星，而星苹果里的"星"有 7~10 个角，更像放射状星芒，故称"星苹果"，也叫"金星果"。

星苹果的果实

植物小故事

星苹果原产于加勒比海、西印度群岛，分布在热带美洲、东南亚等热带地区，目前我国仅海南、广东、台湾、福建、云南等地有少量栽种。它与神秘果、人心果、蛋黄果是近亲，也属于山榄科家族。星苹果只有成熟时才可食用，否则味涩难忍。成熟的星苹果外皮紫黑，果肉为白色或淡黄色，半透明胶状，肉质细滑，香甜可口。

星苹果的花

星苹果的叶

19

牛蹄豆

学名：*Pithecellobium dulce*
科名：豆科

🌿 植物小知识

牛蹄豆原产中美洲，现广布于热带干旱地区。牛蹄豆的每片叶子都是由对生的一对小叶组成，两片椭圆形的小叶长在一起，看上去就像牛、羊等偶蹄目动物的脚趾。牛蹄豆的叶片很小，只有 2~5 厘米长，开花时气味芬芳，常吸引大量金龟子聚集在树上，而且它的两片小叶远看就像一只展翅的金龟子，因此又名"金龟树"。牛蹄豆果荚里的肉质假种皮可食。

🌿 牛蹄豆

牛蹄豆的叶

牛蹄豆的花

斑叶牛蹄豆

🌼 植物小故事

　　别看牛蹄豆其貌不扬，它可是植物界的"劳模"。牛蹄豆耐干旱、高温、盐碱、贫瘠，是热带地区重要的草料树种，其枝叶易被动物消化，可为牲畜提供粗蛋白。牛蹄豆能改良土壤，可用于矿区生态恢复。

　　牛蹄豆的斑叶变种 *Pithecellobium dulce* 'Variegatum'，是一种优良的彩叶植物，厦门市园林植物园亦有栽培。它的新叶为粉红色或白色，成熟的叶子白绿相间，老一些的叶子会逐渐变成全绿色。

20

蓝花楹

学名：*Jacaranda mimosifolia*
科名：紫葳科

🌱 植物小知识

　　蓝花楹原产南美洲，是落叶乔木，树高可达15米。其叶、花、果都别具特色。叶片排列整齐，仿佛一片片绿色羽毛。蓝花楹的花期正值少花的初夏，满树蓝紫色花朵营造出宁静、浪漫的氛围。木质果实形如龟壳，十分别致。蓝花楹的树形、叶形与凤凰木十分相似，二者未开花时容易混淆，可通过小叶的形状与数量进行鉴别：蓝花楹的小叶为奇数，尾部较尖，凤凰木的小叶为偶数，尾部较圆。

蓝花楹

蓝花楹的花

蓝花楹的果实像龟壳

植物小故事

　　自然界中开冷色系花的木本植物十分稀缺，开蓝紫色花的植物中，几乎见不到高大的乔木。蓝花楹作为少有的蓝紫色系大花乔木，有着极高的园林观赏价值。

　　蓝花楹还有较高的经济价值，其木材质地软，易于加工，是做木雕工艺品的好材料，也是优良的造纸材料。

21

凤凰木

学名：*Delonix regia*

科名：豆科

🌿 植物小知识

    凤凰木原产马达加斯加，最初引入中国时就种在澳门的凤凰山上，因"其叶如飞凤之羽，花若丹凤之冠"而得名。凤凰木为落叶大乔木，株高可达 20 余米，胸径可达 1 米。其叶细密且排列整齐，犹如一片片绿色的羽毛；花大色艳，簇生于枝顶，盛开时满树红花，热闹非凡。每朵花有花瓣 5 枚，其中 1 枚具有黄色和白色的斑纹。因花色火红，故又名"火树""红花楹"。凤凰木长而扁的荚果成熟后呈褐色，好似一把把砍刀。米黄色的长圆形种子，表皮有美丽的褐色斑纹，光滑、坚硬，简直是天然的工艺品。

凤凰木

凤凰木的花

🌿 植物小故事

　　凤凰木为厦门市树，在厦门广泛种植。在厦门求学的莘莘学子，心中都有一棵凤凰木，不仅仅因为校园里种有凤凰木，校歌、校徽里不乏凤凰花的形象，还因为凤凰木的花期从毕业季持续到开学季。凤凰花是校园歌曲中经常出现的植物形象，张明敏的《毕业生》、韩红的《凤凰花季》、林志炫的《凤凰花开的路口》……都吟唱过美丽的凤凰花。

凤凰木的荚果

凤凰木的种子

22

羊蹄甲

学名：*Bauhinia purpurea*
科名：豆科

🍂 植物小知识

　　羊蹄甲因其叶片先端
内凹、形似羊蹄的二趾而
得名。叶片近圆形，先端
分裂至叶长的 1/3 ~ 1/2。
开花时花瓣是淡淡的粉
色，边缘常有褶皱，花落
后很快结果，因此经常能
看到羊蹄甲树上既有花朵
在开放，又挂满荚果的场
景，花果同枝，好不热闹。
荚果成熟后会爆裂、卷曲。
种子为红棕色、扁圆形，
好似一片片小脆饼。

羊蹄甲

羊蹄甲的花瓣边缘常带褶皱

羊蹄甲的荚果

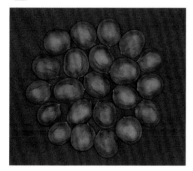

羊蹄甲的种子

🌰 植物小故事

羊蹄甲家族成员众多，有乔木、灌木、藤本。厦门常见的羊蹄甲"四姐妹"是：羊蹄甲、洋紫荆（*Bauhinia* × *blakeana*）、宫粉羊蹄甲（*Bauhinia variegata*）、白花洋紫荆（*Bauhinia variegata var. candida*）。春天开粉色花的叫宫粉羊蹄甲，开白色花的叫白花洋紫荆；秋天开粉色花、结大量果的叫羊蹄甲；秋冬季开紫红色花、不结果的叫洋紫荆。宫粉羊蹄甲、洋紫荆和白花洋紫荆都有雄蕊 5 枚，花瓣较宽阔，具短柄；而羊蹄甲只有 3 枚雄蕊，花瓣较狭窄，具长柄。

23

洋紫荆

学名：*Bauhinia × blakeana*
科名：豆科

🌿 植物小知识

　　洋紫荆是羊蹄甲和宫粉羊蹄甲的自然杂交种，其叶片近圆形，先端2裂，约为叶全长的 1/4～1/3，花形更接近宫粉羊蹄甲，花瓣较宽阔，具短柄，有雄蕊 5 枚。洋紫荆的花粉不能正常发育，无法授粉，所以开花后不能结果，只能通过压条、扦插或嫁接等方式进行无性繁殖。洋紫荆开花时满树繁花，极其靓丽；落花时，花瓣一片片凋落，树下仿佛铺了一层紫红色的地毯，十分唯美。

洋紫荆

盛花的洋紫荆

植物小故事

　　1880年，一个法国神父在香港偶然发现一种开紫红色花的羊蹄甲，经植物学家鉴定，确认为新种。后来，这种羊蹄甲成为遍布香港的行道树，香港人称其为"紫荆花"，又名"洋紫荆""红花羊蹄甲"或"紫花羊蹄甲"。

　　洋紫荆花期长，花量大，花形飘逸，花色艳丽，于1965年成为香港市花。1997年香港回归后，洋紫荆的元素被用于香港特别行政区的区徽、区旗及硬币的设计中。

洋紫荆的花

24

红背桂

学名：*Excoecaria cochinchinensis*
科名：大戟科

🌱 植物小知识

　　红背桂原产我国广西和东南亚各国。其叶片很有特色，叶形与桂花叶相近，叶面油绿，叶背为亮丽的紫红色。红背桂的枝叶具乳汁，乳汁容易致人过敏。红背桂雌雄异株，雌、雄花均不起眼，也无香味，绿化种植时因雌、雄株比例不协调，少见结果。事实上，红背桂具有大戟科标配的果实，其蒴果为球形，未成熟时为绿色，成熟后为橙红色。

　　厦门市园林植物园还种有花叶红背桂*Excoecaria cochinchinensis* 'Variegata'，绿色叶面具有乳白色斑纹，比红背桂更加抢眼。

红背桂

红背桂的果实

花叶红背桂

植物小故事

　　红背桂的叶背为亮丽的紫红色，这可不仅仅是为了好看，更重要的是为了活命。红背桂原产于热带雨林，通常生长在雨林下层。为了在阴暗的环境下生存，它必须尽可能多地吸收光能。红背桂叶子的正面为绿色，与普通的绿叶一样，努力捕捉每一缕珍贵的阳光，但总有一些光线透过叶片"溜"走。聪明的红背桂采取了加"反光板"的策略，在叶子背面"抹"一层紫色素，将穿过叶片的阳光反射回去。阳光再次穿过叶绿体，从而提高了光合作用的效率。在热带雨林里还有很多像红背桂一样的紫背植物，对于这些生活在森林底层的植物来说，这样的机制可以帮助它们更高效地利用阳光。

25
变叶木

学名：*Codiaeum variegatum*
科名：大戟科

🌿 植物小知识

    变叶木原产马来西亚及太平洋岛屿，因叶形、叶色变化极大而得名。经过园艺学家的选育，变叶木现已有数百个品种，常见的有洒金叶、戟形叶、细叶、螺旋叶等。变叶木叶片中含有花青素，能使叶片呈现出不同的颜色，不同色彩形成的斑点、斑块或斑纹，在叶片上铺陈出一幅色彩斑斓的画。与美丽的叶片相比，变叶木纤细的花序及细碎的小花显得毫不起眼，容易被人忽视。

变叶木

不同品种的变叶木

植物小故事

　　变叶木是自然界中叶片颜色和形状变化最多的观叶植物。随着叶龄的增加，叶片上的叶绿素含量减少，红色素越来越多，叶片的色彩越来越亮丽。

　　变叶木叶形奇特、叶色丰富，深受人们喜爱，在华南地区多用于公园、绿地和庭园美化，其枝叶还是理想的插花配叶材料。

26

嘉宝果

学名：*Plinia cauliflora*

科名：桃金娘科

嘉宝果

🌱 植物小知识

嘉宝果原产于巴西，是典型的热带水果。其拉丁学名中的 *cauliflora* 意为"茎生花的"，其花簇生于主干和主枝上，有时也长在新枝。花较小，具有桃金娘科的典型特征：花瓣反卷，几不可见；雄蕊众多，呈放射状，环绕雌蕊生长。花开在茎上，果也结在茎上。果实为球形，颜色从青变红再变紫，最后成紫黑色，密密麻麻地长在枝干上，令人称奇。因其果实形状似葡萄，故又称"树葡萄"，享有"热带葡萄"之美誉。其英文名为jabuticaba，中文名直译为"嘉宝果"。

嘉宝果花果同树

嘉宝果成熟的果实

植物小故事

　　在原产地，嘉宝果每年可多次开花结果，最多可达 6 次，平均每两个月就有果实产出，因此在同一株树上常常可以看到花中有果、果中有花、熟果中有红果和青果的景象。嘉宝果细腻多汁，香甜可口，口感独特，果味中有山竹、香芭乐、释迦、凤梨等多种风味，所以有"一果四味"之说。嘉宝果美味、一年多熟、产量高、易采摘，近年来已成为我国新兴的一种热带水果，但目前仅少数地区有栽培。

27

垂枝红千层

学名：*Callistemon viminalis*
科名：桃金娘科

🌿 植物小知识

　　垂枝红千层的枝叶犹如柳条般纤细、灵动，更让人注目的是它奇特的花序：一朵朵小花整齐地排列在枝条上，层层叠叠，整个穗状花序就像一把精致可爱的大号试管刷，故又名"瓶刷木"。垂枝红千层的花量非常大，几乎每根枝条的末端都会开花，色彩鲜艳，盛开时犹如火树银花，具有很高的观赏价值。花谢后，半球形的果实紧贴在枝条上，好似一串串小铜钱，几年都不脱落，所以也被称为"串钱柳"。

🌸 垂枝红千层

垂枝红千层的果实

叉尾太阳鸟采食花蜜（许书国摄）

垂枝红千层的花序

植物小故事

　　红千层家族原产于澳大利亚，有许多栽培品种，花色各异，非常迷人。垂枝红千层与其他桃金娘科植物一样，是"观雄蕊植物"——开花时花瓣"退居二线"，发达的雄蕊成为颜值担当。试管刷一样的花序中，长长的"刷毛"就是它的雄蕊和雌蕊，雌蕊高出雄蕊许多。垂枝红千层花粉丰富，花蜜多且甜，具有长喙的叉尾太阳鸟（吸蜜鸟）非常喜欢吸食它的花蜜。它们吸食花蜜的时候，花粉就粘到它们的头上，当它们到另一棵树上吸食花蜜时，头上的花粉就粘到其他花的柱头上，从而授粉成功。

28

南洋楹

学名：*Falcataria moluccana*
科名：豆科

🌱 植物小知识

　　一看名字就知道南洋楹来自东南亚一带。的确，南洋楹原产马六甲及印度尼西亚马鲁古群岛。树干笔直粗壮，高可达 45 米，胸径可达 1 米以上，树冠舒展开阔，树形美观，犹如一把擎天巨伞。南洋楹的叶片与蓝花楹、凤凰木非常接近，都像一片片绿色的羽毛，排列整齐，十分优雅。未开花时，三者常常被混淆，一旦开了花，它们的区别就很明显。南洋楹的花朵既不是蓝色，也不是红色，未开时为白绿色，完全开放时是米白色，快谢时变成黄色。南洋楹花朵小，花量大，花序高高举起，开满整个树冠，颇为壮观。

🌼 南洋楹

盛花的南洋楹

南洋楹的花序

南洋楹的叶

🌱 植物小故事

　　楹，柱也。人们常将具有宽大树冠的大乔木称为楹树，如南洋楹、蓝花楹、红花楹（凤凰木）等。南洋楹生长迅速，是著名的速生树种。厦门市园林植物园百花厅里有一株南洋楹，生长不到20年的时间，胸径已达133厘米，三个成年人手拉手才勉强围住树身。生长太快的后果就是木质松脆，但凡风大一些，就会有枝条断落。该南洋楹2016年被"莫兰蒂"强台风拦腰折断。南洋楹木材纤维含量高，是造纸、制作人造丝的优良原材料。

29

苹　婆

学名：*Sterculia monosperma*
科名：锦葵科

苹婆

🌰 植物小知识

"苹婆"这名字听起来有点异域风情，确实，"苹婆"来自梵语bimbara的音译。苹婆的花、果都极具特色。小花迷你可爱，只见花萼不见花瓣。花萼初时为白色，后慢慢变粉红色，形状就像是一个末端闭合的王冠。苹婆的花量大，深绿色的叶片衬着满树淡粉色的迷你"王冠"，花落时一地淡粉，充满浪漫气息。苹婆每个果序通常有1～3个果荚，每个果荚里有1～3颗种子，果荚成熟时为鲜红色，种子为黑色。成熟开裂的果荚形如凤眼，所以有"凤眼果"之称。

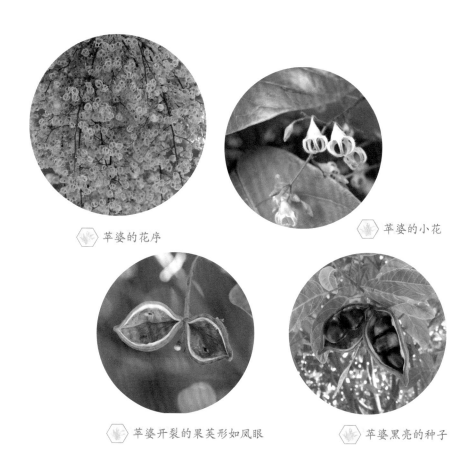

苹婆的花序

苹婆的小花

苹婆开裂的果荚形如凤眼

苹婆黑亮的种子

🌱 植物小故事

　　苹婆原产中国、印度、越南、印度尼西亚等地，古称"罗望子""罗晃子"。其叶大而光洁，两广民间常用其包粽子、糍粑，别有一番风味。苹婆的种子可食，烹饪方式多样，可蒸，可煮，可红烧。剥去黑色的外种皮和淡褐色半透明的中种皮，里面的种仁吃起来与板栗相似，在广东常用作名菜佳肴的配料。苹婆的种子和果壳有药用价值，树皮含优质纤维，可用于造纸、织麻袋等。苹婆不仅是一种值得推广的木本粮食植物，还是用途广泛的经济植物。

30

假苹婆

学名：*Sterculia lanceolata*
科名：锦葵科

🌿 植物小知识

　　假苹婆和苹婆乍一看很像，但仔细辨别还是可以看出差别的。假苹婆的叶片比苹婆窄，果实也比苹婆小。假苹婆每个果序常有 4 个以上果荚，像手掌一样摊开，成熟时果壳变红，好似树上开着大红花。每个果荚里有种子 5～7粒，每颗种子仅花生米般大小；而苹婆每个果序只有 3 个以下的果荚，每个果荚里有 1～3 粒种子，种子的大小介于蚕豆和鸽子蛋之间。假苹婆的花也是只见花萼不见花瓣，花萼为粉色或淡粉色；花萼也是五瓣，向外展开，一朵朵小花像一颗颗小星星，精致美丽。

假苹婆

假苹婆的花序

假苹婆成熟的果序

植物小故事

假苹婆是我国广东南部的乡土树种，树干直立，叶绿果红，具有很高的观赏价值，是一种优良的行道树种。假苹婆的种子也可以食用。假苹婆和苹婆的果期与广东民间"七姐诞"的时间相近，故二者的果实都称为"七姐果"，都可以做祭品。

31

印度紫檀

学名：*Pterocarpus indicus*
科名：豆科

🌼 植物小知识

　　印度紫檀原产印度、印度尼西亚、马来西亚、缅甸、菲律宾等地，因心材红褐色至紫色而得名。印度紫檀高可达 30 米，枝条长而下垂，树形优美如一把绿色的巨伞。盛花时，一串串金黄色的花朵伸出树冠，树冠仿佛晕染着一层金色的光芒。印度紫檀花量大，花有香味，而且花蜜丰富。但其花期相当短暂，满树繁花的盛景也就一周有余。果实为扁圆形，中央鼓起，像一个个小飞碟，未成熟时为绿色，在叶片中间不易被发现，成熟时为灰褐色，有 1~2 粒种子。

🍁 印度紫檀

印度紫檀的花序

盛花的印度紫檀

印度紫檀的果实

🌱 植物小故事

　　紫檀属植物为国标"红木"中的一个属。紫檀属树种的中文名后面两个字大多为"紫檀",如檀香紫檀、大果紫檀、非洲紫檀等,其中,心材颜色为黑紫色的称为"紫檀木",心材颜色为红褐色的称为"花梨木"。尽管世界上紫檀属的树种有 70 种,但真正的紫檀木只有 1 种,即檀香紫檀,其余的 69 种全被划入花梨木类。明清红木家具为檀香紫檀所制,色红质硬,而印度紫檀属于花梨木类,其心材颜色偏褐色,且材质的硬度不如紫檀木类,是入门级的国标红木。

32

广西火桐

学名：*Firmiana kwangsiensis*
科名：锦葵科

广西火桐

🌰 植物小知识

广西火桐是落叶乔木，原产我国广西，每年 6 月开花，开花前老叶纷纷凋落，花谢后新叶才长出来。广西火桐花量大，花期长，开花时满树橙红，远看仿佛燃烧的树一般，其叶片形状跟梧桐叶有几分相似，因而得名。嫩芽上布满淡黄褐色短柔毛，巴掌一般的叶片两面都是茸毛，就连花梗、花萼上也密布茸毛。花萼为圆筒形，花苞好似一管管橙红色的口红。花开时，只见花萼不见花瓣，花萼前端开裂成三角状。果实成熟时为紫红色，沿单侧裂开，挂在树上就像一片片树叶，而且是戴着两颗"种子耳钉"的"树叶"。种子圆形，含淀粉和油脂，可食。

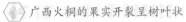
广西火桐的果实开裂呈树叶状

广西火桐的花苞

🌱 植物小故事

广西火桐是我国特有的植物，仅在广西靖西发现 3 棵野生植株，已濒临野外灭绝，是我国国家一级重点保护野生植物，也是亟待拯救的极小种群野生植物。

广西火桐果实产量高，播种也容易，为何会野外濒危呢？除了分布区狭小，种子是哺乳动物和鸟类的食物这两个原因，还与民众把它当一般杂灌砍伐利用，人为破坏严重有关。如今我国已对其开展人工繁育工作。

盛花的广西火桐

93

33

水鬼蕉

学名：*Hymenocallis littoralis*
科名：石蒜科

🌿 植物小知识

　　水鬼蕉原产美洲热带地区，是多年生鳞茎草本植物，整个植株就像一棵放大版的大蒜。不过，水鬼蕉有毒，不可食用。水鬼蕉叶形优美，叶色翠绿，花形别致。其花葶扁平，顶端着生 3～8 朵白色的花，花的直径可达 20 厘米，花瓣细长，酷似蜘蛛的大长腿，而花朵基部的"雄蕊杯"则像蜘蛛的身体，所以水鬼蕉又名"蜘蛛兰"。又因其 6 个雄蕊呈细长的丁字形，与百合花的雄蕊形状相似，因而也被称为"蜘蛛百合"。

水鬼蕉

植物小故事

水鬼蕉喜欢生活在水边等潮湿的环境，加上白色触须一般的花瓣会让人不自觉地产生有关鬼怪的联想，于是就有了"水鬼蕉"这个名字。水鬼蕉的鳞茎中含有石蒜碱和多花水仙碱等多种生物碱，尽管有毒不可食用，却可以外用及提取有效成分，具有一定的药用价值。

水鬼蕉全株

34

贝壳杉

学名：*Agathis dammara*
科名：南洋杉科

贝壳杉

贝壳杉原产马来半岛和菲律宾，为常绿大乔木，树高可达 38 米以上，胸径可达 45 厘米以上。灰色的树干笔直、光滑，乍看像水泥电线杆。贝壳杉的新叶像一簇簇黄绿色的花，老叶为翠绿色，革质且有光泽。未成熟的球果酷似没打开的绿色松塔，球果成熟后，苞鳞会一片片脱落飘散。贝壳杉的种子呈倒卵形，一侧具有薄膜状的翅膀，可助其随风飘向远方。

贝壳杉的雄球花

贝壳杉的新叶

贝壳杉的球果与种子

🌰 植物小故事

　　贝壳杉是优良的材用树种，广泛应用于制造业。树干含有丰富的树脂，即著名的Dammara树脂。这种树脂硬度高，是生产颜料、清漆的原料，在工业及生物制药方面有广泛的用途。

　　贝壳杉的经济价值极高，但由于过度采伐，原产地的贝壳杉数量急剧减少，世界自然保护联盟（IUCN）将其列为易危物种（VU）。我国厦门、福州等地在 20 世纪早期就有少量引种，厦门市园林植物园最早栽培的一批贝壳杉如今已近 30 米高，每年可以采种育苗。

35

斐济贝壳杉

学名：*Agathis macrophylla*
科名：南洋杉科

植物小知识

　　斐济贝壳杉原产斐济、所罗门岛、瓦努阿图，树高可达35～40米，胸径可达 1 米以上，枝条长且斜向上伸展。斐济贝壳杉又名大叶贝壳杉，其拉丁名中 *macrophylla* 的意思是"大叶的"，指其叶子比大多数贝壳杉属植物的叶子大。成熟植株的叶片为长圆形，厚革质，叶面亮绿，叶背灰绿色，覆白粉。雄球花未成熟时绿中带白，鳞片紧闭，成熟时鳞片张开。绿色球果的表面覆盖一层白粉，成熟时苞鳞一片片随风飘散，留下亮黄色的果轴挂在树上。种子呈倒卵形，一侧具有薄膜状的翅膀。

斐济贝壳杉

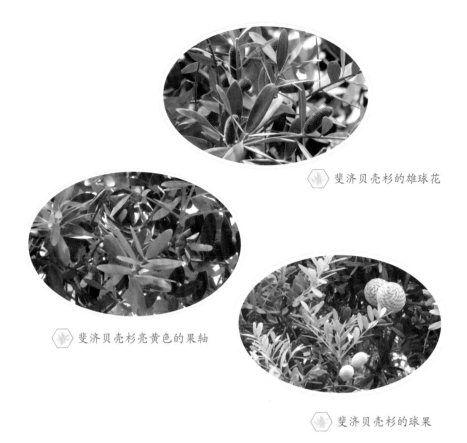

⬡ 斐济贝壳杉的雄球花

⬡ 斐济贝壳杉亮黄色的果轴

⬡ 斐济贝壳杉的球果

🌿 植物小故事

　　斐济贝壳杉枝繁叶茂，树冠宽阔，是良好的园林树种。木材为白色，有时带点红色，可做家具。树皮中分泌出的树脂芳香、易燃，可用于照明，还可做清漆和陶器上的釉，是西南太平洋优良的林业树种。

　　斐济贝壳杉在原产地外鲜有种植，世界自然保护联盟（IUCN）将其列为濒危物种（EN），厦门市园林植物园已对其开展播种繁殖研究。

36

卵叶贝壳杉

学名：*Agathis ovata*
科名：南洋杉科

🍃 植物小知识

卵叶贝壳杉原产新喀里多尼亚岛，其拉丁学名中的ovata，意思是"卵形的"，指其叶片为卵形。卵叶贝壳杉通常从茎干基部开始分枝，为灌木状小乔木，高约 10 米，而贝壳杉属的其他树种都是大乔木，树高常达 30 米以上。卵叶贝壳杉幼龄植株的叶、枝都略带金黄色。其球果较其他贝壳杉球果小，长约 6 厘米，直径约 5 厘米。因为种鳞的先端向外凸起呈短喙状，所以球果整体感觉不光滑，还有点扎手。种子倒卵形，一侧具有薄膜状的翅膀，可帮助种子随风飘向远方。

卵叶贝壳杉

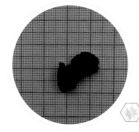

卵叶贝壳杉的叶芽有鳞片包裹

卵叶贝壳杉的新叶金黄中带着绯红

卵叶贝壳杉的种子

🌱 植物小故事

　　卵叶贝壳杉的种子与其他贝壳杉属植物的种子一样，成熟后与种鳞分离，一片片随风飘散，很难收集。这时卵叶贝壳杉相对较矮的优势就凸显出来了，人们可以在其种子脱落前人工采摘球果收集种子。

　　贝壳杉属植物都分布在南半球，我国现有的贝壳杉属植物都是从国外引进的，但是从国外引进的贝壳杉属植物种子，发芽率极低。因为贝壳杉属植物的种子寿命都很短，只有不超过 1 个月的时间，是名符其实的"短命种子"，在采种后一周内播种，发芽率最高。而从国外采种，经过长途跋涉到国内，待海关检疫完成后，种子已基本失活。厦门市园林植物园在经历数次失败的引种后，才成功获得近 30 株卵叶贝壳杉种苗。

37

大叶南洋杉

学名：*Araucaria bidwillii*
科名：南洋杉科

🌿 植物小知识

大叶南洋杉原产澳大利亚昆士兰，株形高大、伟岸，高可达 50 米，胸径可达 1 米以上。成熟的叶片呈阔三角状，螺旋状排列，整齐、美观，但叶尖似针，十分扎人。球果长可达 30 厘米，直径约 22 厘米，重可达 10 公斤，球果成熟时仍为绿色，会自然脱落。又大又重的球果从高空坠落，危险性可想而知。因此，为了自身安全，请远离落果期（6~8 月）的大叶南洋杉。大叶南洋杉的种子可食，外形有点像纸皮核桃，卵圆形至楔形，米黄色。

🌿 大叶南洋杉

大叶南洋杉的雄球花

大叶南洋杉的种子

大叶南洋杉的球果

🌰 植物小故事

　　大叶南洋杉的种仁淀粉含量高，脂肪含量低，同时含有丰富的对人体有益的矿物质元素，如钙、镁、锌、铁等，不仅可以煮食、烤食，还可以碾磨成粉制作各种食品，风味独特，具有作为木本粮食植物开发的潜力。

　　历史上，昆士兰东南部的土著视大叶南洋杉为圣树，大叶南洋杉节是他们的传统节日。节日里，人们聚集在一起，采收并烤食大叶南洋杉的种子，唱歌跳舞，庆祝狂欢。

38

异叶南洋杉

学名：*Araucaria heterophylla*
科名：南洋杉科

异叶南洋杉

🌿 植物小知识

异叶南洋杉原产澳大利亚的诺福克岛、菲利普岛，因此又名诺福克南洋杉。其高可达 57 米，胸径可达 1.5 米，树皮灰褐色或暗灰色。异叶南洋杉是个优雅的造型师，为自己设计了一个塔状的造型：它的枝条像轮辐一样在树干上排成一圈，一层一层有规律地往上排列，下层的枝条较长，越往上枝条越短，整体像个锥形塔。异叶南洋杉幼龄植株的叶子为针形，繁殖枝上成熟的叶子为卵形或三角形。正因为它有两种不同的叶形，故而得名。其椭圆形球果成熟后，鳞片会随风飘散，每一个鳞片就是一颗种子。

异叶南洋杉的雄球花　　　　　　异叶南洋杉规则排列的枝层

植物小故事

　　南洋杉科植物多以高大、笔直而著称，可是厦门市园林植物园南洋杉疏林草地上的异叶南洋杉大多是歪斜、扭曲的，被戏称为"在跳舞的树"，这与厦门是台风多发地区有关。异叶南洋杉强大的抗风性得益于它们稳定的塔状树形，以及可以透风减阻的分层结构。异叶南洋杉还有一个很特别的抗风策略——以断枝换生存，在遭遇台风时先"放弃"迎风侧的枝条，将受风面积减到最小，以免树干折断。台风过后，断枝处还会再萌发新枝。南洋杉疏林草地有一棵异叶南洋杉，是 1984 年王震陪同邓小平视察南方时亲手栽下的。

异叶南洋杉的球果与种子

39

肯氏南洋杉

学名：*Araucaria cunninghamii*
科名：南洋杉科

🌿 植物小知识

　　肯氏南洋杉的拉丁名源于它的发现者Allan Cunningham。因其主要分布在澳大利亚和新几内亚，故又被称为"澳洲杉"。肯氏南洋杉高大挺拔，树高可达66米，胸径可达 2 米。低龄的枝干呈黄铜色，具金属光泽，薄薄的外皮会成片脱落，好似一张张铜箔。这个特点使得它很容易与其他南洋杉区别开来。成熟植株的树干为棕灰色到深棕色或栗色，树皮粗糙，含丰富的树脂。肯氏南洋杉的叶片细小而尖锐，是名符其实的"针叶"植物。球果为卵形或椭圆形，种子倒卵状楔形，稍扁平，两侧具膜质翅。

🍁 肯氏南洋杉

肯氏南洋杉的雄球花

肯氏南洋杉的球果与种子

肯氏南洋杉低龄的枝干呈黄铜色

🌢 植物小故事

　　肯氏南洋杉树干粗壮、笔直，是优良的材用树种，可生产大径级木材。木材表面平整，没有突起的颗粒和结眼，色泽美观，为乳白色或亮棕色，且木材加工性能好，是澳大利亚胶合板工业的主要原料。

　　肯氏南洋杉生性强健，茎干色泽艳丽，常用于制作各种盆景。

40

柱状南洋杉

学名：*Araucaria columnaris*
科名：南洋杉科

🌿 植物小知识

柱状南洋杉是新喀里多尼亚岛的特有树种，其拉丁学名中*columnaris*的意思是"柱状的"，指其树形就像一根圆柱子。柱状南洋杉是常绿乔木，树高可达 50～60 米，树干直或有点弧形，枝条一层一层有规律地向上排列，生长一段时间后，老的枝条会从树干上脱落，再长出新的枝条，因此它的枝条比较短，而且几乎一样长，整个树冠形成圆柱形，远远看去就像一根绿色柱子。柱状南洋杉的叶形与异叶南洋杉的叶形很相似，幼龄植株的叶片为针形或钻形，繁殖枝上的成熟叶为三角状卵形。

柱状南洋杉

幼龄时，柱状南洋杉和异叶南洋杉的株形、叶形都很相似，难以区分，成熟植株则可以根据树形初步判断，柱状南洋杉呈圆柱形，异叶南洋杉呈圆锥形。但这个方法在厦门市园林植物园却行不通。因为厦门是台风多发地区，异叶南洋杉的长枝经常被台风吹断，然后长出许多短的不定枝，导致株形也有点类似圆柱形，让人误以为是柱状南洋杉。

1984年，邓颖超在厦门鼓浪屿上的林巧稚纪念馆——毓园前亲手栽种两株高度差不多的异叶南洋杉，其中一株长着长着就小了一号，直到2008年对鼓浪屿古树名木进行调查时，才发现那棵小的是柱状南洋杉。可见两者幼龄时实在是太过相似。

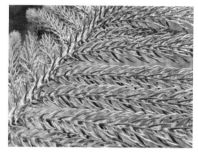

柱状南洋杉的叶

柱状南洋杉的种子

毓园的异叶南洋杉（左）和柱状南洋杉（右）

41

巴西南洋杉

学名：*Araucaria angustifolia*
科名：南洋杉科

🍃 植物小知识

　　巴西南洋杉原产巴西、巴拉圭东部和阿根廷西北部，其拉丁名中 *angustifolia* 的意思是"窄叶的"，故又名"窄叶南洋杉"。巴西南洋杉树干笔直，高可达 50 米，胸径可达 1 米以上。枝条水平向上生长，树冠呈半球形，随着树龄的增长，顶端生长的速度减慢，下层的枝条陆续脱落，最终植株呈平顶的烛台状，所以也称"烛台树"。巴西南洋杉雌雄异株，这在南洋杉科中是比较少见的。厦门市园林植物园南洋杉疏林草地的两株巴西南洋杉正好一雄一雌，每年可见其开花结果。其球果近球形，鳞片末端有钝刺状"尾巴"，整个球果好似一颗绿色的小刺球。种子棕红色，长约 5 厘米，像一颗巨大的松子。

🌿 巴西南洋杉

巴西南洋杉的球果

巴西南洋杉的种子

巴西南洋杉的雄球花

🌱 植物小故事

　　巴西南洋杉的种子可食，历史上是巴西和智利南部土著的重要食物，也是他们重要的经济来源。巴西印地安人食用巴西南洋杉种子的方法，同澳大利亚土著食用大叶南洋杉的种子、智利和阿根廷土著食用智利南洋杉种子的方法是一样的，以烘烤为主。巴西南洋杉是巴西唯一的国产大型裸子植物，也是巴西最有价值的材用树种之一。由于持续过度开发，巴西南洋杉在世界自然保护联盟（IUCN）的红皮书中被列为极度濒危植物（CR）。

42

山地南洋杉

学名：*Araucaria montana*
科名：南洋杉科

🌱 植物小知识

　　山地南洋杉原产新喀里多尼亚岛，其拉丁学名中 *monotana* 的意思是"山上的"，指其主要生长在山上。山地南洋杉是常绿乔木，高可达40米。叶片较小，为阔三角形，螺旋状紧密排列在小枝上，但不像异叶南洋杉那样紧紧抱着茎枝，而是呈45°左右向外展开。层层叠叠的新叶犹如多肉植物宝石莲。山地南洋杉的球果直径 7~9 厘米，种鳞的末端长着反曲、扎人的小尾巴，整个球果好似一颗绿色的小刺球。

🌿 山地南洋杉

 山地南洋杉的新叶

山地南洋杉的雌球花

山地南洋杉的球果

山地南洋杉的种子

🌱 植物小故事

　　山地南洋杉生长适应性强，在新喀里多尼亚属于生态恢复工程树种，世界自然保护联盟（IUCN）的红皮书将其列为易危物种（VU）。厦门市园林植物园的山地南洋杉，是 2011 年从美国引进种子播种的，长势良好，2020 年首次开出了 4 个雌球花，这也是山地南洋杉在我国第一次"开花"。只是，由于没有雄花授粉，它不能获得种子。山地南洋杉跟很多松、杉类裸子植物一样，虽然是雌雄同株，但要生长 10～20 年才能结雌球花，生长 20～30 年才能结雄球花。也就是说，起码要生长 20 年，才能获得种子。

43

鲁莱南洋杉

学名：*Araucaria rulei*
科名：南洋杉科

🌿 植物小知识

　　鲁莱南洋杉原产新喀里多尼亚岛，其拉丁学名中的 *rulei* 是为了纪念19世纪中期澳大利亚育苗工作者John Rule。鲁莱南洋杉高20～25米，胸径可达60厘米，枝条两两交互对生，斜向上生长，枝条与树干夹角不大于45°，树冠呈紧凑的椭圆形。叶子为窄三角状披针形，墨绿色，厚革质，螺旋状紧密排列在小枝上，远看好似一支支硬毛刷。球果宽卵形，种子椭圆形，略扁平，成熟时为棕色。

🌿 鲁莱南洋杉

鲁莱南洋杉的新芽似花苞

鲁莱南洋杉的枝条

鲁莱南洋杉的种子

🌱 植物小故事

　　鲁莱南洋杉在原产地分布广泛，可生长于海拔100～1000米，喜欢含镍的土壤。由于镍矿被过度开采，鲁莱南洋杉原产地的环境破坏严重，它的生存受到了极大的威胁。火灾是原产地鲁莱南洋杉遭受的另一大灾难，由于采矿往往需要毁林开荒，火灾频繁发生，导致很多鲁莱南洋杉被毁。世界自然保护联盟（IUCN）的红皮书将其列为濒危植物（EN），当地政府已经开始对其进行保护。

44

金叶白千层

学名：*Melaleuca bracteata 'Revolution Gold'*
科名：桃金娘科

🌱 植物小知识

金叶白千层原产新西兰、澳大利亚，树高 6～8 米，树皮为黑褐色，水纹样的纵向皱褶使其具有与"年龄"不相符的沧桑感。满树金黄色或鹅黄色的叶片，远看仿佛是一棵金子铸成的树，因此它又称"黄金宝树""千层金"。金叶白千层的花为乳白色，一串串好似实验室里的试管刷，十分可爱。不过，因为与叶片的色差不明显，所以不易被发现。

🌿 金叶白千层

金叶白千层的花

金叶白千层的叶

植物小故事

金叶白千层是一种以观叶为主的彩叶树种。叶色金黄，树形优美，且可修剪成球形、伞形、金字塔形等各种形状，在园林绿化上应用广泛。金叶白千层的枝叶中含有芳香油，可以提炼白千层精油。白千层精油又称"澳洲茶树油"，具有抗菌、消毒、止痒、防腐等作用，是洗涤剂、美容保健品等日用化工品和医疗制品的主要原料之一。

45

烟火树

学名：*Clerodendrum quadriloculare*
科名：唇形科

🌢 植物小知识

　　烟火树原产新几内亚、菲律宾及西太平洋群岛。烟火树的叶片长椭圆形，表面深绿色，背面暗紫红色。它的花极具特色，花苞簇生在枝顶，好似一支支紫杆棉签，盛开时小花前端炸开，露出五片内面洁白的长型花瓣，整个花团犹如绽放的烟花，因此得名。

烟火树

烟火树的花苞

烟火树的花

烟火树的叶背为暗紫红色

🌱 植物小故事

　　烟火树在春节前后开花，仿佛一团团绽放的烟花，非常应景。烟火树的花不但美，还颇具智慧。为了防止自花授粉，烟火树的雌雄花蕊成熟期并不同步，花朵初开时雄蕊先成熟，4 枚雄蕊伸直，花药上翘，遮挡住柱头，同时等待媒介将它的花粉传播给别的花。"结束使命"后的雄蕊弯曲下来，此时雌蕊成熟，高高地伸出花冠，等待其他花朵的花粉。

46

幌伞枫

学名：*Heteropanax fragrans*
科名：五加科

🌿 植物小知识

　　幌伞枫原产我国云南、广西、广东和印度、孟加拉、印度尼西亚等地。幌伞枫为常绿乔木，高 5～30 米，胸径可达 70 厘米，树皮为浅灰色，羽状复叶，叶长可达 1 米，叶柄长 15～30 厘米，叶片脱落后会留下明显的脱落痕。幌伞枫的花簇生于枝顶，淡黄白色，具芳香，果实卵球形，成熟时紫黑色，是优良的招鸟树种。

🌸 幌伞枫

幌伞枫的枝丛

幌伞枫的花

幌伞枫的果序

🌿 植物小故事

　　幌伞枫的叶柄较长，一丛丛枝叶宛如一把把撑开的伞，枝叶末梢向下垂，像古代皇帝出巡时的罗伞。"幌伞枫"的名称由此而来。

　　"富贵树""大富贵"则是幌伞枫的商品名，因为有着极好的寓意，幌伞枫在住宅和办公室中非常常见。

47

澳洲坚果

学名：*Macadamia ternifolia*
科名：山龙眼科

🌱 植物小知识

澳洲坚果原产澳大利亚昆士兰，又名昆士兰栗、澳洲胡桃。澳洲坚果树高5～15米，叶片长圆形，叶缘呈大波浪状，有稀疏的刺状锯齿。澳洲坚果的花一串串垂挂在树枝上，淡黄色或白色的花序芳香、奇特。其果实就是著名的夏威夷果，圆球形，果皮绿色，厚革质；种皮亮褐色，异常坚硬，如果不借助工具，根本无法打开；果仁米白色，含油量高，营养丰富，具有独特的奶油香味。

澳洲坚果

 澳洲坚果的花序　　 澳洲坚果的果实

🌢 植物小故事

　　澳大利亚土著从野生澳洲坚果树上采收果仁食用或榨油，已有100多年的历史。澳洲坚果明明是土生土长的澳洲植物，为什么果实却叫"夏威夷果"呢？原来，澳洲坚果作为果树，栽培的历史很短，只有数十年的时间。当时种植区主要在美国夏威夷和澳大利亚，而夏威夷阳光充足，雨水丰沛，特别适合澳洲坚果的生长。由于人们吃的澳洲坚果主要来自夏威夷，于是被称为"夏威夷果"。目前，我国云南、广东、台湾等地也有栽培。

48

丹绒花

学名：*Mimusops elengi*
科名：山榄科

🌸 植物小知识

丹绒花原产印度半岛沿海地区以及斯里兰卡、缅甸等地，我国在 20 世纪 60 年代后将其引进。丹绒花的茎干富含白色乳汁，故又名"牛乳树"。其叶片长椭圆状披针形，叶缘呈优美的大波浪状。花朵虽小，但芳香宜人。果实有拇指肚大小，中部浑圆，两端略尖，外形很像橄榄，因此又称"香榄树"。果实成熟时为橙红色，香甜可食。果实里有一个褐色的、油光滑亮的种子，稍扁平，尖端处种脐内凹。

丹绒花

🔷 丹绒花的果实

🔷 丹绒花的花

🔷 丹绒花的种子

🌰 植物小故事

　　丹绒花的小花看似简单，实则"暗藏心机"。其外层花瓣层层叠叠地展开，而内层"紧紧合拢的花瓣"其实并不是花瓣，而是花瓣状附属体，其内部还有一轮不育雄蕊、一轮可育雄蕊以及雌蕊。丹绒花的雌蕊先于雄蕊成熟，当雌蕊成熟时，花瓣状附属体捂着雄蕊，让雌蕊接受异花授粉；待雌蕊谢后，附属体展开，露出已成熟的雄蕊，等待昆虫传粉。

　　丹绒花树形优美，叶色青翠，叶子终年不凋，对粉尘、汽车尾气等有良好抗性，在园林绿化中广泛应用。

49

红苞花

学名：*Odontonema tubaeforme*
科名：爵床科

🌱 植物小知识

　　红苞花叶片鲜绿，花色艳丽，是花、叶均具观赏性的绿篱植物。红苞花的花序成串生长，花多且密，小花为细长筒状，鲜红色。花开时参差不齐、错落有致。因高高的红色花序像拔地而起的高楼，红苞花又名"红楼花"。其花序梗上端有时会变异膨大似鸡冠，十分奇特，因而得名"鸡冠爵床"。

红苞花

花序梗上端变异膨大似鸡冠

叉尾太阳鸟吸食红苞花花蜜（谢勤摄）

🌼 植物小故事

　　红苞花一般在11月中旬至春节期间盛开，花色为艳丽的大红色，在色彩单调的冬季显得异常醒目。红苞花还是一种蜜源植物，它的花冠筒又细又长，一般的昆虫无法享用其花蜜，但叉尾太阳鸟可以将长喙伸入花筒吸蜜。每年红苞花盛开的季节，总能看到叉尾太阳鸟悬停吸食花蜜的场景。

红苞花的花序

50

苏里南朱缨花

学名：*Calliandra surinamensis*
科名：豆科

🌰 植物小知识

苏里南朱缨花原产拉丁美洲，它的拉丁学名中*surinamensis*的意思是"苏里南的"。苏里南朱缨花为常绿灌木或小乔木，叶如羽片，花似绒球。它的花很美，花色清新，未开放时，花丝卷曲成团。"一朵"花其实是由几十朵小花组成的花序，花瓣很小，主要观赏部位是密集、细长的雄蕊，雄蕊基部白色，上端粉红色，整个花序像一把袖珍双色绒扇。苏里南朱缨花凋谢后会结出许多小果荚，未成熟时为绿色，成熟时褐色，十分可爱。

苏里南朱缨花

🌸 苏里南朱缨花的花序为扇形

🌸 香水合欢的花序为半球形

🌱 植物小故事

　　每当夜幕降临，苏里南朱缨花的叶片就会慢慢合拢，次日清晨再展开，这种现象被称为植物的睡眠运动或感夜运动。

　　苏里南朱缨花与香水合欢*Calliandra brevipes*，二者花色接近，株形相似，很多人傻傻分不清。区分它们其实很简单，香水合欢又名"细叶合欢"，它的叶片很小，为极细致的羽毛状；花形较苏里南朱缨花圆，更像一个绒球，而且带有香味。南洋杉疏林草地也有种植。